U0394613

画说番茄

我的小小农场 16

画说番茄

【日】森俊人●编文　　【日】平野惠理子●绘画

大家好，我是番茄！
我的故乡是"太阳国"安第斯山地区，那里离赤道很近。
那里有很高的山脉，白天炎热，夜晚凉爽。
因为很少下雨，连空气都很干燥。
日本夏天有长长的梅雨季，初到日本，我们番茄还有点不习惯呢。

中国农业出版社
北 京

1 为什么大家都喜欢吃番茄？

番茄是世界上人们吃的最多的蔬菜。在所有国家中，希腊人吃番茄最多。在吃番茄的大国中，人们都喜欢将番茄煮着吃，所以才会吃那么多。日本也有很多人喜欢吃番茄，但是，日本的人均番茄收获量在世界上仅排第 35 位。大家主要用番茄做沙拉，吃的并不多。

世界番茄地图

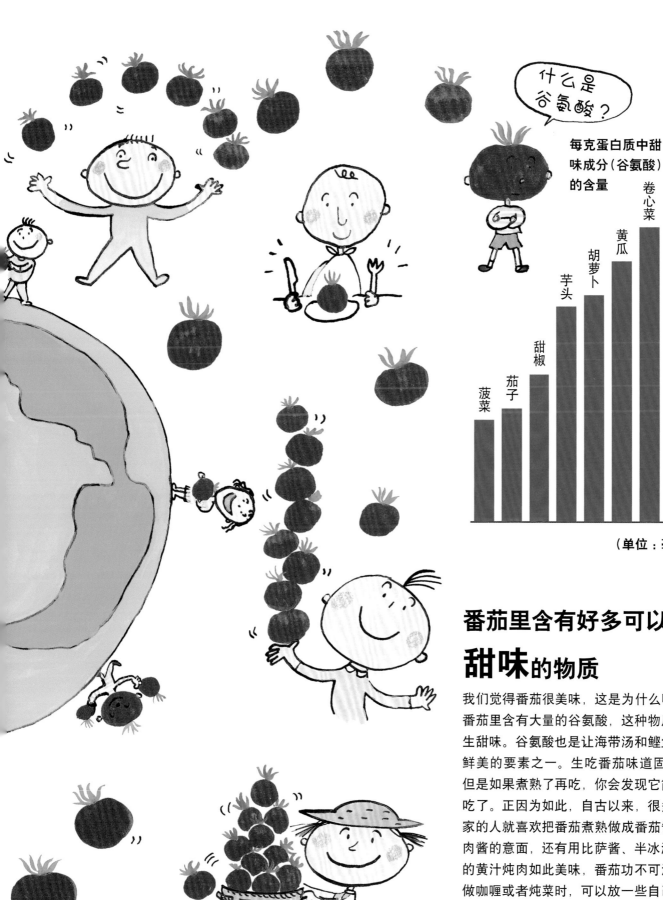

什么是谷氨酸？

每克蛋白质中甜味成分（谷氨酸）的含量

番茄 400
350
300
卷心菜 250
黄瓜 200
胡萝卜
芋头 150
甜椒 100
茄子
菠菜 50
0

（单位：毫克）

番茄里含有好多可以产生**甜味**的物质

我们觉得番茄很美味，这是为什么呢？因为番茄里含有大量的谷氨酸，这种物质可以产生甜味。谷氨酸也是让海带汤和鲣鱼汤非常鲜美的要素之一。生吃番茄味道固然不错，但是如果煮熟了再吃，你会发现它简直太好吃了。正因为如此，自古以来，很多南欧国家的人就喜欢把番茄煮熟做成番茄酱。拌着肉酱的意面，还有用比萨酱、半冰沙司做成的黄汁炖肉如此美味，番茄功不可没。下次做咖喱或者炖菜时，可以放一些自己种的番茄。不过，一定要选那种熟透的红番茄，这样做出来的菜才会特别好吃！

3

2 夏天的番茄，维C满满

番茄的故乡在南美洲安第斯山地区，那里被称作"太阳国"，日照非常充足。安第斯山地区的居民为了感谢太阳带给他们的恩惠，每年都会举行太阳节。日本的夏天十分炎热，番茄不太喜欢这样的气候，但是好好种植的话，这个季节的番茄里会含有丰富的维生素C。

营养又美味，维C易吸收！

每天要吃1个大番茄！

维生素C能够让身体保持健康，是人体不可缺少的营养素。每天我们大概需要摄入60~65毫克维生素C。因为人体每天吸收的维生素C数量有限，吃的再多也不能储存在身体里，所以每天按需摄取就可以了。每100克番茄中含有20毫克维生素C，每天吃300克左右的番茄，也就是1个大番茄就足够了。

在**欧洲**

有这样一句谚语："番茄变红了，大夫的脸变绿了"。番茄中除了含有大量维生素 C，还有维生素 A、维生素 B、钾、钙、铁等微量元素，这些营养元素对身体都有好处。沐浴在阳光下健康成长的番茄是最好的食物！

光照越充足，维生素 C 越多

夏天强烈阳光照射下成长的番茄中会合成大量维生素 C。到了梅雨季，虽然天气很热，但日照不足，此时，番茄中维生素 C 的含量就会少很多。

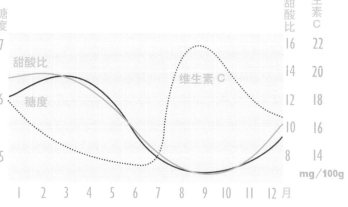

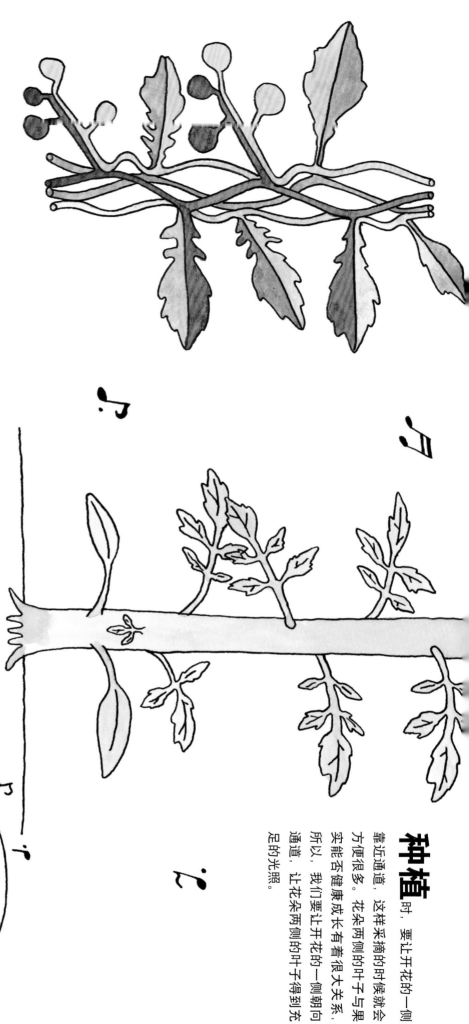

3 番茄成长 4 节拍：叶、叶、叶、花

在菜地里仔细观察番茄后，我们可能会有意想不到的发现。那就是，整株的番茄果实都按一个方向挂在枝上。这是为什么呢？这是因为番茄在长出花蕾后，先长出 3 片叶子，然后再开花。也就是说，它们都是按照 3 叶 1 花（叶、叶、叶、花）的 4 拍节奏向上生长。叶子与叶子之间，叶子与花之间呈 90 度角高低错落排列在茎上。按照这个顺序，花上面还是花，于是就出现了果实都结在一个方向的现象。种植番茄时，掌握它的生长节奏是成功的关键！

种植时，要让开花的一侧靠近通道，这样采摘的时候就会方便很多。花朵两侧有着很大关系，实能否健康成长与果所以，我们要让开花的一侧朝向通道，让花朵两侧的叶子得到充足的光照。

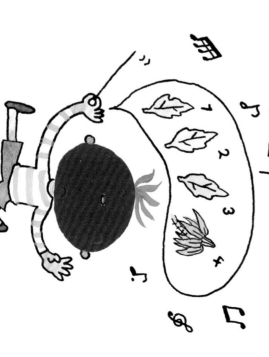

叶子分别呈90度角排列，茎呈四角结构

番茄的茎中有4条管道，它们负责运送水分和营养。在长叶子和长果实的地方有2条运输管道，所以只有那里是凹凸不平的。因为叶子和花呈90度角交叉排列，茎整体上呈四角结构。

第4穗

第3穗

第2穗

第1穗

果实

正对面的叶子对于茎和其他叶子的生长至关重要，甚至比果实对茎和叶子的影响还要大。

到第4穗开花时，第1穗已经开始结果了。

茎

观察茎的内部结构就会发现，茎里面有一些管道，它们负责向叶子和果实运送水分和养料。在叶柄和果实的根部各有2条管道与茎相连。其中，右侧的叶子与茎右侧上下的叶子，通过叶子左侧的管道相连；而左侧的果实与它左侧上下叶子，则通过叶子右边的管道相连。

4 番茄什么时候生长?

植物会在人们不注意的时候悄悄长大。比如校园里的野生蒲公英，蹲着观察它的时候，它似乎怎么都不长。当你看烦了，和小伙伴去别的地方玩耍了，又过了几天再来看它，它已经长得很高了。植物到底是什么时候生长的呢？番茄又是什么时候生长的？是白天还是晚上呢？

1. 放学回家前，在支撑番茄的木架上用胶带或记号笔做个标记，标记的位置和植株最高处一致。

2. 第二天来到学校后，如果发现番茄植株高度已经超过昨天的标记，那么，就再重新做一个更高的标记。

3. 放学前，可以看看这一天一夜番茄分别长高了多少。

白天的番茄

在光照下，叶子可以把二氧化碳和水合成营养物质（糖类），提供给根、茎、叶和果实，并释放出氧气。这就是光合作用。

通过观察番茄的长势，我们发现，从晚上到早上这段时间，番茄好像长得比较快。这是为什么呢？因为番茄在白天和夜晚做了不同的事情。

8

夜里的番茄

将白天叶子合成的糖分和从根部吸收的
肥料等加工成各种营养物质。有了这些
营养物质,茎、叶和果实就能越长越大了。

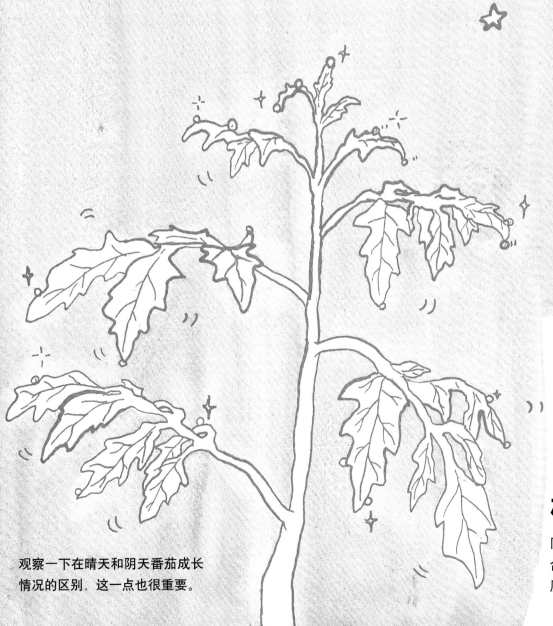

观察一下在晴天和阴天番茄成长
情况的区别,这一点也很重要。

植 物与人和动物不
同,它们能通过光合作用
合成自身所需的养分,很
厉害吧。

5 红色、黄色番茄大集合！

番茄的种类很多，有红色的、黄色的，也有圆的和细长的。
下图中有没有你经常吃的番茄呢？

我们平时吃的最多的番茄是这样的

安第斯山上的野生番茄

黄番茄

意大利
番茄产地
收获季的景象

形状好有趣～

哦……

用来加工的番茄

诶？

长得像李子的番茄

好可爱！

迷你番茄
（很像野生的）

6 栽培日历

让我们一起来见证！

第一穗结出的果实长到乒乓球大小的时候追肥

没有霜的时候移苗

长出 2 片真叶后，移栽到直径 9 厘米的小盆中

移苗 10 天前施基肥、起垄、铺地膜

移苗 60 天前播种

老师在上一学年播种 ● ┄┄┄┄ △ ┄┄┄ ★ ┄┄┄┄					
	播种	换小盆		移苗	
新学期学生播种 ● ┄┄┄ △ ┄┄┄┄┄ ★ ┄┄┄					
		播种	换小盆		移苗
较晚播种 ● ┄┄┄ △ ┄┄┄┄┄┄ ★					
			播种	换小盆	

1 月	2 月	3 月	4 月	5 月	6 月
	立春	惊蛰	春分		梅雨

惊蛰：蛰伏一个冬天的虫子苏醒，并爬出洞外的时节。

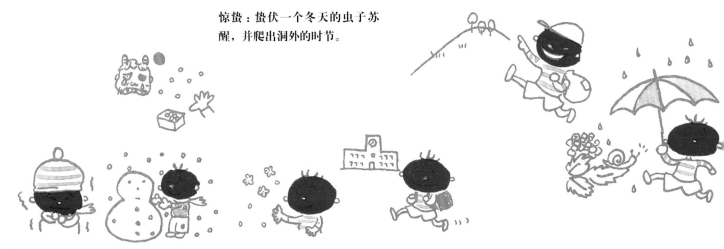

12

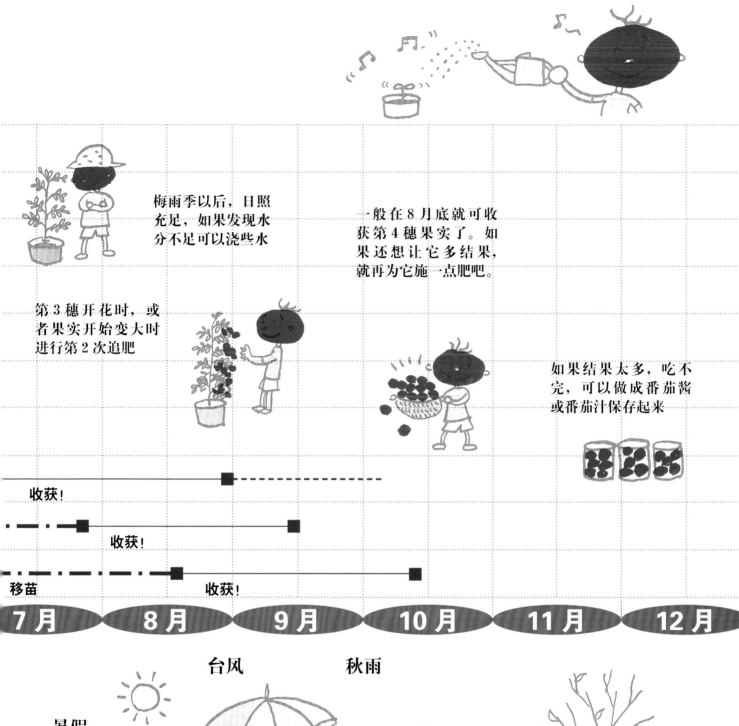

梅雨季以后，日照充足，如果发现水分不足可以浇些水

一般在8月底就可收获第4穗果实了。如果还想让它多结果，就再为它施一点肥吧。

第3穗开花时，或者果实开始变大时进行第2次追肥

如果结果太多，吃不完，可以做成番茄酱或番茄汁保存起来

收获！

收获！

移苗　　收获！

| 7月 | 8月 | 9月 | 10月 | 11月 | 12月 |

暑假　　　台风　　　秋雨

7 来吧，一起种番茄！

种番茄时，第一步应该做什么呢？可能你已经买回番茄苗，握着锄头，迫不及待地要去栽种了。不过，请稍等一会儿，好好看看这页内容吧！栽种前，应该先弄清楚在什么时间、什么地方栽种。然后花上几天时间做一些准备工作，比如疏松土壤、起垄整形、撒上肥料等。这些准备工作全部做完后，再准备番茄苗。

选择**地块**

● 选择光照充足、不潮湿、排水顺畅的地块。

● 学校里有指定菜地时，要先问一下以前在这里种菜的同学们，他们都种过什么菜。如果最近 3~4 年间种过番茄或其他茄科蔬菜（如茄子、圆椒、辣椒、土豆等），那就换块地吧。像番茄这样的茄科蔬菜，在一个地块多次种植很容易得病。

整备**土壤**

如果打算每平方米（垄宽 135 厘米，垄长 75 厘米）种植 3~4 棵番茄，就要做到：

1. 按照 20 厘米深度标准，认真翻土。

2. 将 2 千克熟透的堆肥与 150~200克白云石粉混合后撒进土壤，轻轻搅拌好。如果没有堆肥，就用 30 克左右硫酸钾代替，这样也可以为土壤补充钾元素。

3. 然后，使用 100~150 克复合肥（氮磷钾的比例为 12∶12∶16）进行施肥，注意，肥料要和土壤搅拌均匀。1 周后，再栽种秧苗。

单列栽种

1. 铺地膜。

2. 使用美工刀按照25~30厘米间距，在地膜上划个"X"做标记。

3. 将标记X的位置撕开，挖一个坑，直径要比栽番茄苗的盆稍大一些，以便可以轻松放进栽在花盆中的番茄。

4. 从盆里取出幼苗，让花朝向通道一侧，保持原盆土壤完整，小心放入事先挖好的土坑内。然后，用周围的土壤填实幼苗与土坑之间的缝隙，再浇灌足够的水。

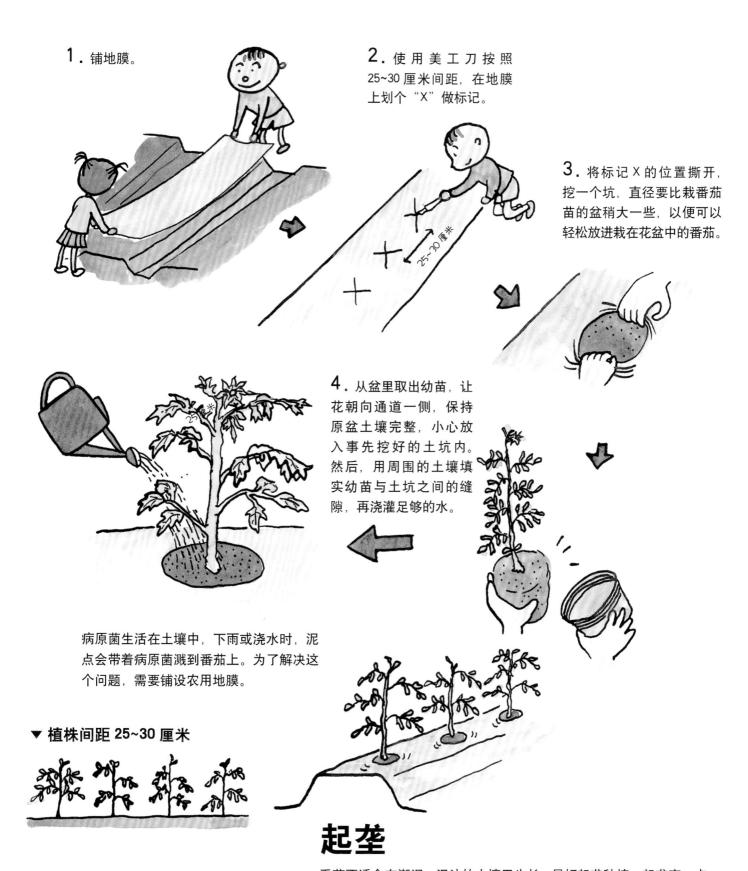

病原菌生活在土壤中，下雨或浇水时，泥点会带着病原菌溅到番茄上。为了解决这个问题，需要铺设农用地膜。

▼ 植株间距 25~30 厘米

起垄

番茄不适合在潮湿、泥泞的土壤里生长，最好起垄种植。起垄高一点，番茄根部发育也会更好。起垄高度一般是 20 厘米。单列种植时，垄宽 130~140 厘米就可以。最后铺上地膜。

8 选苗也很重要

我们要选择什么样的幼苗呢？为了让番茄健康成长，尽量选择那些看上去比较有活力的幼苗。这是因为，苗的好坏会直接影响一半左右的收成。那么，健康、有活力的苗长什么样子呢？

选苗方法

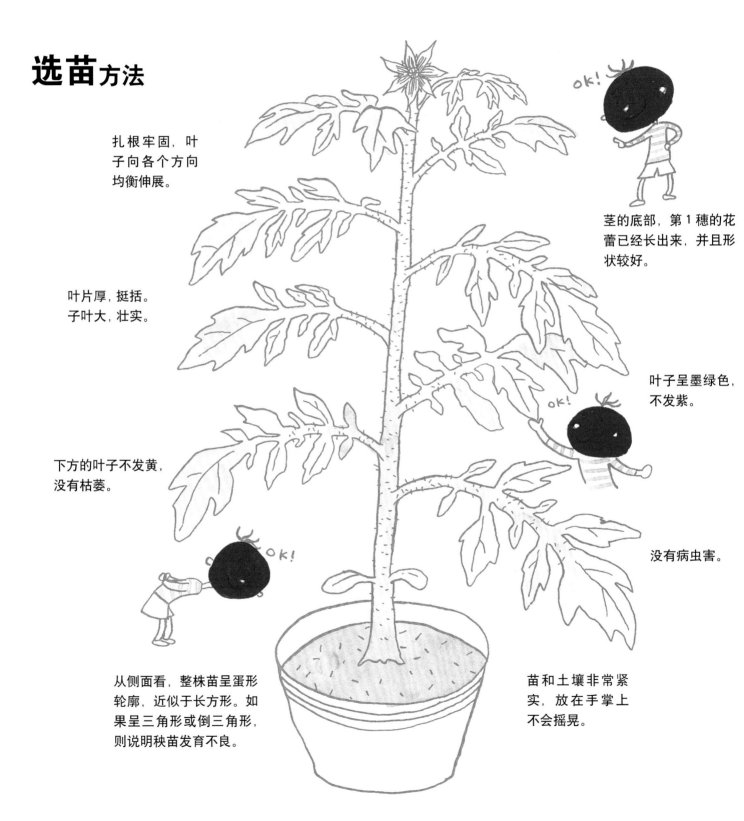

扎根牢固，叶子向各个方向均衡伸展。

叶片厚，挺括。子叶大，壮实。

下方的叶子不发黄，没有枯萎。

从侧面看，整株苗呈蛋形轮廓，近似于长方形。如果呈三角形或倒三角形，则说明秧苗发育不良。

茎的底部，第1穗的花蕾已经长出来，并且形状较好。

叶子呈墨绿色，不发紫。

没有病虫害。

苗和土壤非常紧实，放在手掌上不会摇晃。

搭架

番茄原本是在地面爬蔓的植物，为了便于田间管理，给它搭架，让它朝上生长。移苗后，在距离番茄根部 10 厘米的地方搭架，用小绳将苗固定在支架上。注意，不要让支架伤到苗的根部。

浇水

扎根后，梅雨季结束前一般不用浇水。但是，如果垄上的土壤发干，或者梅雨季干旱少雨，就要主动浇水。注意，当番茄的果实长到豆粒大小的时候，一定不能让它缺水。因为从这时候开始，如果缺水，果实就长不好，而且很容易出现脐腐病。盛夏时节，每株番茄每天大约需要 1 升水。不要每次浇很多，要按量分次浇水。

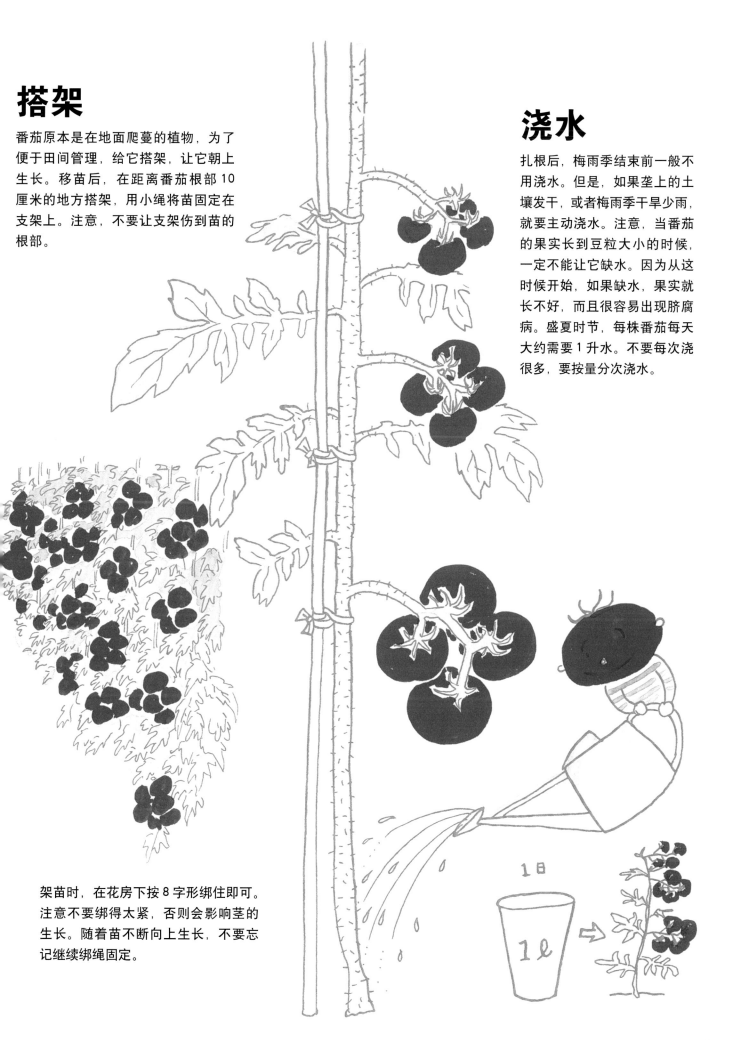

架苗时，在花房下按 8 字形绑住即可。注意不要绑得太紧，否则会影响茎的生长。随着苗不断向上生长，不要忘记继续绑绳固定。

掰下侧芽

● 叶柄处很容易上侧芽，特别是花房下面叶柄处侧芽生长速度很快，因此，我们要尽早把它摘除。

● 摘除侧芽时，不需要使用剪刀，用手轻轻一掰即可。

侧芽

9 暑假前就能收获！

新学期一开始就栽种的话，放暑假前就能吃到美味的番茄。前面讲过造是肥时间，不过，最重要的是观察番茄的状态，看着它到底是肥什么时间，自己思考，灵活处理。

你种的番茄是什么样子的？

最好选择早晨上学后，或者下午放学回家前这段时间来观察。最上方、肥料吸收好，营养过剩时，最上方的叶子颜色深，叶面大，叶片厚，凹凸不平，且向下弯曲，叶子上的细毛也很长。这时就不要再施肥了。如果肥料吸收得不好，养不良，叶子就会发黄，叶面小，营叶片薄，发硬，最上方的叶子朝斜上方生长，且稍稍上卷。这时就需要马上施肥了。

第一穗能否结好果，非常重要

如果第一穗的花，出于某种原因，无法结出好的果实，就会影响整株番茄的生长节奏。我们可以通过人工授粉等方法，确保第一穗能结出好果来。

这里很重要！

收获时间

番茄变红的时候就能收获了，记得要用剪刀剪下来哦！

第 1 次

复合肥料

第 2 次

为了防止番茄染病，手在接触过患病番茄后，不要再触摸其他健康的番茄。要先洗手消毒，再进行下一步作业。

绑在架子上

番茄如果往上长，就要尽早把它绑在架子上。绑支架要尽量选择在下午进行，因为下午茎和叶中的水分会减少，更有韧性，不容易折损。

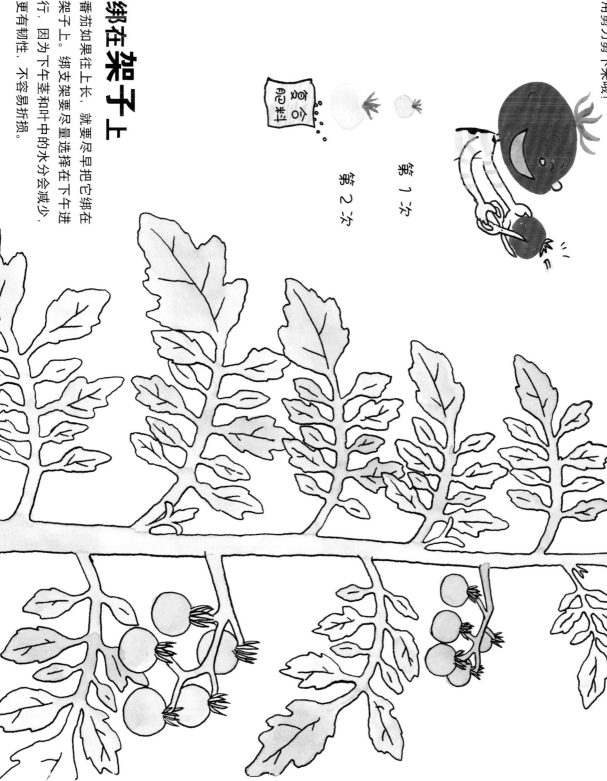

肥料（追肥）

不要等到番茄营养不良时才施肥！

大概的次数（请注意看右图）

第 1 次是在第 1 穗的果实长到乒乓球大小时。

第 2 次是从下往上数第 3 穗的果实开始长大时。

用什么肥料？用多少？

每平方米（3~4 株）用 50~70 克复合肥。把地膜扒开，在距离植株稍远处撒上肥料，浇水，然后再压上地膜，盖上土。注意，不要触碰到茎和叶子。

19

10 没有菜地也可以种番茄！

如果校园里全是混凝土地面，没有种菜的地方，或者能用的菜地在最近 2~3 年内种过茄科作物，那就不要在菜地里种植番茄了，可以改种在盆里！

需要准备的东西

能够装 10 升土的盆 1 个，土壤 10 升，复合肥 20 克（氮磷钾的比例为 12∶12∶16），白云石粉 20 克，能完全包住盆的大塑料袋 1 个，带盖的泡沫箱 1 个，120 厘米长的木架 1 根。

作业程序

1. 将 10 升土壤、20 克复合肥、20 克白云石粉混合搅匀。

2. 将步骤 1 混合好的土装进盆里，撒上 4~5 粒种子后，盖土浇水。

3. 将盆装进塑料袋，放到向阳处，等待种子发芽（如果是 3 月份播种，晚上要放到泡沫箱里保温）。

4. 出芽后，白天将盆从袋子里拿出，晚上再放回袋子。

5. 长出 2 片真叶后行进间苗，只保留 1 株幼苗。等幼苗长到 30 厘米左右时，进行架苗。

适当**浇水**

水要浇到马上要从盆底渗出来的程度。等到第 3~4 穗开花，果实变大时，每天要浇 1 升水。

追肥

选用复合肥 20 克，分 3~4 次施肥。

11 不好了！番茄生病了！

早上来到学校，先跟番茄打声招呼吧！顶端的叶子如果挂着水珠，这说明番茄正在茁壮成长。可是，如果出现以下情况，就说明它可能生病了。

卷叶

之前长得很好，突然侧芽和顶端的叶子开始卷曲，这表示它可能被病毒感染了。观察一下它的情形，如果叶子不断卷曲，变得干枯，那么就要把它整株拔掉，以免传染给其他植株。

花叶病

萎靡不振

无论早晚，番茄的叶子总是无精打采，这说明水分吸收有问题。要仔细检查是否有以下情况。

有没有气根？

出现气根并不是说它得了病虫害，而是因为排水太好以至于水分不足。遇到这种情况，多浇几次水就可以了。

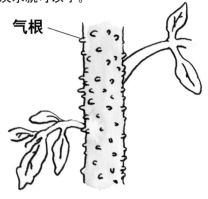

气根

没有气根，茎和叶都很茂盛，经常浇水，但植株还是总"耷拉"头

1．根在土壤中扎得不好，吸收不到水分。从阴雨天转晴时，经常出现这种问题。不过，番茄会逐渐适应，慢慢好起来。

2．施肥太多，或地面温度太高、太低。排水不好，烂根，导致根部不能正常为整株番茄提供水分和营养。梅雨季节，注意通道内不要存水。

3．导致番茄青枯病、黄萎病的病菌或线虫附着到根部后，为了不传染给其他植株，需要立即将病株铲除，并拿到菜地外处理。

青枯病

线虫

黄萎病

观察收获的番茄！

尖头

果实发育时养分不足，导致发育不良，或植株水分不足，根部出现问题时会出现这种情况。

网纹果

氮肥过多容易出现这种情形。如果菜地太干燥，症状会加重。切开后会发现，种子周围有果冻状物质，一直呈绿色。吃起来口感浓郁，恰到好处。

脐腐病

这是刚刚结果时因缺钙所致。多发于盛夏，高温干旱的平坦地块。要保证水分和养料充分，让根部健康发育。

同心圆裂纹

裂果病

在阳光强烈照射下，果实内部温度升高，果皮老化，韧性变差，吸收过多水分后，果皮被撑开。

放射状裂纹

晒斑、颜色模糊、条纹病

如果钾元素不足，果实里面生成的番茄红素就少，番茄颜色会发黄，颜色模糊不鲜艳。同时也容易出现晒斑或其他斑点，严重时会出现条纹病。

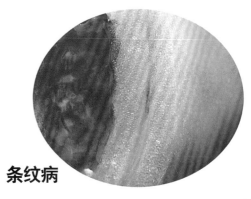

条纹病

12 品尝刚采摘的番茄！

既简单又美味的吃法就是，把刚刚采摘的番茄用自来水冲洗一下，然后直接大口吃掉。让我们享用美味的番茄，活力满满地度过炎热的夏天吧！番茄冷藏后，如果直接拿出来吃，很难感受到它真正的美味，从冰箱拿出后，稍微放一会儿才好吃。

吃之前
就知道哪个好吃！

碗里盛些水，把番茄放进去。沉到碗底的番茄，说明果实充盈，非常美味，而漂在水面上的那些就不好吃。

好紧张！

番茄果子露

材料：番茄 4 个，砂糖 5 大勺，水 5 大勺，柠檬汁 2 勺

1. 把砂糖和水倒入锅中，煮成糖浆。
2. 把 4 个番茄放入烧开的热水中，用水焯一下即可，不可长时间炖煮。捞出番茄，用菜刀轻轻切个小口，皮就会很顺滑地剥下来。
3. 将番茄肉切成 1 厘米见方的小块，再用菜刀剁碎。接着加上做好的糖浆和柠檬汁。
4. 如果想留着以后吃，那就倒进锅里再煮一下，然后放凉。
5. 将放凉后的果子露倒入不锈钢碗中，放入冰箱冷冻。其间搅拌 1~2 次。
6. 凝固后，用大勺挖出盛在高脚杯里，注意高脚杯要提前放入冰箱内冷藏好。根据个人喜好，可以再加上 1~2 片薄荷叶装饰。

大功告成！

双茄炒饭

材料（4 人份）:番茄 4 个,茄子 1 个,甜椒 2 个,鸡肉 200 克,米饭 4 小碗,色拉油 3 大勺,黄油 2 大勺,番茄酱 2 大勺,咖喱粉 2/3 勺,香菜少许,盐、胡椒少许

1. 茄子和甜椒切成 7~8 毫米厚的圆片,用色拉油炒熟后,放入切成 6 块的番茄快炒,盛入盘中。

2. 接着将鸡肉切碎,撒上盐和胡椒,用色拉油炒熟后,加入番茄酱稍稍翻炒一下,盛入盘中。

3. 用黄油炒米饭,撒上咖喱粉,炒透炒匀。然后,倒进第 2 步做好的鸡肉,继续炒匀。

4. 最后倒入第 1 步炒好的茄子和甜椒片,快炒。撒胡椒粉调味,盛入盘中。最后均匀撒上香菜末。

注意:每炒完一道菜,平底锅都要清洗一次,这样就不会糊锅了。

我开动了!

13 一起来做方便储存的番茄泥吧

到了收获的季节，菜地里大片大片的番茄成熟了。这么多番茄短时间内根本吃不完，摆在店里卖，也卖不上好价钱。这就是"应季"蔬菜的烦恼。无论哪种蔬菜，只有应季才最好吃，收获量也最大。现在一年四季都能吃到番茄，可在以前，只有当季才能吃到。人们为了一年四季都能吃到番茄，就把收获的番茄做成番茄泥，装到瓶子里保存。

将番茄炖至烂熟

看起来好好吃啊

番茄泥的做法

材料：熟透的番茄 2 千克，盐 1 小勺

1. 用开水烫一下番茄，把番茄皮剥下来，蒂去掉，切成小块，放进锅内，加盐煮沸。
2. 煮沸后改小火慢炖 1 小时。
3. 收汁时，用漏勺把没煮透的果肉捞出，为了杀菌，再稍煮一会儿。然后关火，冷却。
4. 把汤勺煮沸消毒，再准备好瓶子，将步骤 3 的番茄泥装瓶密封。待完全冷却后，放入冰箱保存。

用肉酱做咖喱或炖菜时，加点番茄泥会非常美味。如果在番茄泥里面加上调料，再多煮一会儿，就会变成番茄酱。

番茄汁的做法

用番茄做的调味汁，适合搭配煎蛋卷、意大利面、通心粉或鸡肉、章鱼料理。聪明的大厨，往往会提前做好番茄汁备用。

材料（4 人份）：熟透的番茄 5 个，洋葱半个，橄榄油 1/4 小碗，月桂叶 1 片，盐、胡椒、大蒜少许（可根据口味选择）

1. 用开水烫一下番茄，把皮剥下来。去掉蒂和种子，切成小块。
2. 洋葱切成碎末，与大蒜一起用橄榄油炒香。
3. 把第 1 步切好的番茄块倒入锅内，放入月桂叶，改小火慢炖。收汁到原分量的一半时，加盐和胡椒调味。

炒一下自己喜欢的食材，加入番茄汁后，浇到意大利面、通心粉或鸡蛋卷上品尝。每次可以多做一些，像番茄泥那样放进瓶子里，随用随取。

看起来都很美味！

斜切通心粉

←他吃的是通心粉。

14 有趣的番茄实验

美味的番茄让大家大饱口福，下面一起挑战番茄实验吧！蜿蜒前行式栽培法？一株番茄长出不同颜色的果实？没有雄蕊的花也能结果？听起来真是不可思议，就像变魔术一样。

蜿蜒前行

蜿蜒前行式栽培方法

如果番茄根部发育不良，就会茎细叶小、挂果少，看起来虚弱不堪。此时，可以将茎的一部分埋进土里进行压枝处理。这样，埋在土里的茎就会生出新根，为整株番茄提供水分和养料，让它变得苗壮、有活力。我们也可以选择用健康的茎压枝，看看效果如何！

A 花　　　　B 花　　　　C 花

没有雄蕊也能结果吗？

1. 在开花 2~3 天前选择 3 个花蕾。其中，2 个摘除雄蕊（A、B），1 个保持不变（C）。
2. 花开后，向 A 花喷洒市面上销售的激素，B 花不做任何处理。C 花用花粉授粉。
3. 那么，会出现什么结果呢？C 花结出了带有种子的普通果实。A 花结出的果实没有种子，但结实饱满。B 花没有结果（详情参照第 35 页内容）。

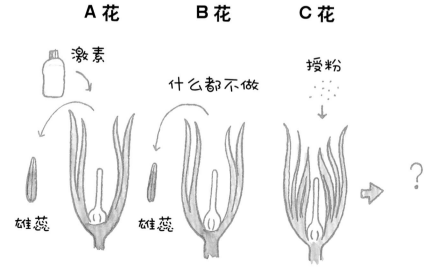

激素　　　　　　　　授粉

什么都不做

雄蕊　　　雄蕊

一株番茄会结出红色、黄色
等不同颜色的果实

让一株番茄结出红色、黄色等不同颜色的果实，其实方法很简单。

1. 分别播种可结出红色和黄色果实的番茄种子。

2. 待它们长出真叶后，将整株拔出，并削尖胚轴底端。

3. 提前准备一株高约 40 厘米的番茄幼苗。切除生长点，使其不再生长。

4. 摘除第 3 步幼苗叶子根部的腋芽，在腋芽部位用牙签打一个小洞，然后插入第 2 步的接穗。

哇——

胚轴

胚轴

摘除腋芽，不让砧木结果，在原腋芽处分别嫁接可以长出红色和黄色果实的番茄。这样做是因为，如果不摘除腋芽就嫁接，砧木可能会优先分配水分和养分供自己结果，那么嫁接的番茄就长不好。大家可以试一下。

15 带来大航海时代梦想和浪漫气息的番茄

最后，给大家讲一讲番茄是怎样离开故乡安第斯山区，远涉重洋来到日本的。其实，番茄是随着哥伦布发现美洲新大陆后才开始周游世界的。

番茄的家乡 安第斯山区

印加帝国所在的安第斯山脉至今仍有数量繁多的野生番茄。很久很久以前，居住在这里的印第安人就开始种植番茄了。随着印第安人的不断迁徙，番茄也随之来到了中美洲和墨西哥。现在人们种植的番茄的先祖可以追溯到被阿兹特克人改良的墨西哥酸浆果。阿兹特克文明活跃在墨西哥韦拉克鲁斯的山谷中。

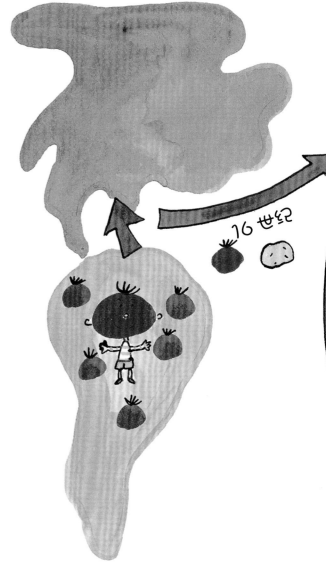

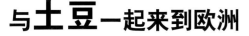

与土豆一起来到欧洲

随着航海技术的发展，哥伦布发现美洲大陆后，很多欧洲人来到了南美洲。16 世纪中叶，印加人经常食用的番茄和土豆被一起带到了欧洲。在 400 多年的时间里，能够长期储存的土豆以北欧为中心、而番茄则以南欧为中心开始了大面积种植。

南欧喜欢做成番茄酱，北欧喜欢生吃

来到欧洲后，番茄作为观赏性农作物受到人们的青睐。据说 1593 年，荷兰医药学家多多恩斯 (Dodoens) 发现，将番茄用油炒一下，再加点胡椒很好吃。番茄这才开始被人们食用。不久，意大利、瑞士、葡萄牙等南欧国家纷纷食用煮熟的番茄和番茄酱。由此可以看出，番茄品种改良活动发生在 16 世纪后半叶的南欧。人们从 18 世纪开始生吃番茄，为此进行的番茄品种改良则主要发生在北欧。

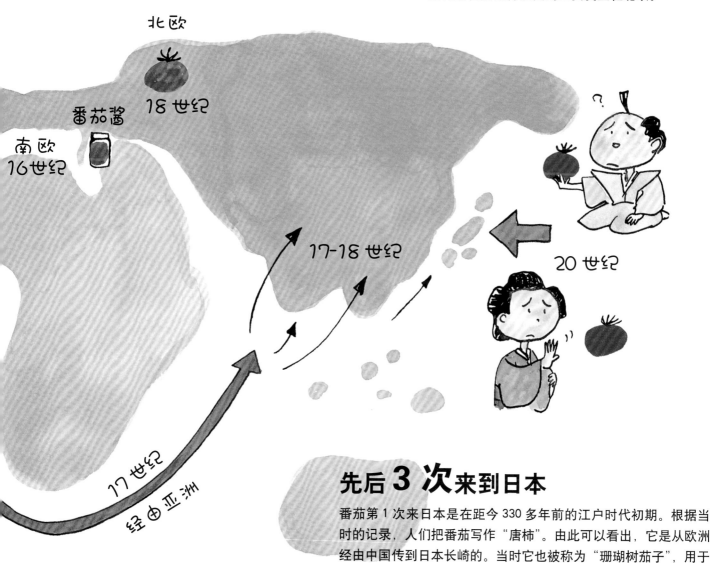

先后 3 次来到日本

番茄第 1 次来日本是在距今 330 多年前的江户时代初期。根据当时的记录，人们把番茄写作"唐柿"。由此可以看出，它是从欧洲经由中国传到日本长崎的。当时它也被称为"珊瑚树茄子"，用于观赏和制药。

番茄第 2 次来日本是在明治初期，写作"蕃柿"，读作"红茄"。当时政府向民间推广这种蔬菜，可是人们不喜欢它的味道，所以并没有大量种植。这时的番茄品种来自北欧，酸味和香味非常浓厚。

番茄第 3 次来日本是在昭和初期，是从美国引进的品种。酸味和香味不再那么强烈，变得温和很多，日本人很喜欢这种口味，从此开始大面积种植。

详解番茄

1. 为什么大家都喜欢吃番茄？（P2—P3）

番茄含有大量的谷氨酸，谷氨酸是氨基酸的一种，可以让食物吃起来更加美味。日本人在很久以前就擅长使用海带高汤和鲣鱼汤调味，海带高汤含有大量谷氨酸，鲣鱼汤含有大量肌苷酸，而南欧诸国则喜欢使用番茄汤来为食材提鲜。番茄成熟后，谷氨酸的含量达到峰值。因此，做咖喱或炖菜时，加入2~3个熟透的番茄，就算厨艺一般，做出来的菜也会无比美味。在欧洲流传着这样一句谚语："当番茄熟了的时候，就没有难吃的菜了"。

世界上最大的番茄消费国是希腊。希腊人经常将番茄煮熟后食用，所以需求量非常大。在日本，也有很多人喜欢吃番茄，但日本的番茄消耗量仅排在世界第35位。这是因为，日本人几乎都是把番茄做成沙拉食用，所以需求量并不大。

在日本，番茄的人均收获量为6~7千克，年人均消费量为7.4千克，不足的部分需要进口。日本国内番茄种植面积不断减少，所以进口量每年都在增加。

2. 夏天的番茄，维C满满（P4—P5）

西方国家流传着这样的谚语："番茄红了，医生的脸绿了"，"种番茄的人家不会得软骨病"。看来，很久以前人们就发现番茄对人体健康有益。番茄中含有大量营养物质，具体如下：

维生素A：在蔬果类中仅次于南瓜，有利于血液循环。

维生素C：含量相当于甜椒的25%左右，但也有野生番茄的维生素C含量可与甜椒媲美。维生素C可有效抑制牙龈出血和皮下出血，并能抑制色斑和雀斑的形成。此外，还可预防皮肤病以及皮肤粗糙、老化和产生皱纹，并有抗癌效果。

维生素E、谷胱甘肽、β-胡萝卜素、维生素B_2、尿酸：防衰老。

β-胡萝卜素、维生素E：有抗癌效果。

3. 番茄成长4节拍：叶、叶、叶、花（P6—P7）

番茄生长发育正常的话，第1穗坐果后，每3片叶就会出现1穗花（花房）。这些叶子和花围着茎，按90度角有序错开排列。因此，番茄的果实总是朝向一个方向。所以说，通过定向种植将有花的一侧紧邻通道，会便于后期采摘等田间管理。如果把叶子和花的生长顺序比作时钟，第1穗花位于6点钟方向，那么上面的叶子依次位于9点钟、12点钟和3点钟方向，而第2穗花还是位于6点钟方向。

这样，番茄边生长边开花结果，繁育下一代。这一点可比水稻、哈密瓜复杂得多。

水稻、哈密瓜是先成长，再开花结果。也就是说，自身生长（营养生长期）和繁育下一代（繁殖生长期）是分步进行的。而番茄和黄瓜等植物，整株上面既有成熟可收获的果实也有正在成长的果实，有的甚至才刚开花，而且植株本身也在不断生长，即番茄把营养生长期和繁殖生长期各发育阶段融合在了一起。这样看来，番茄从第1穗到第4穗，要分4次收获。这跟种4次水稻差不多，田间管理的确很辛苦。因此，番茄穗数越少成功几率越大，穗数越多成功几率越小。

番茄茎内有4根导管输送水分和养料。其中，叶子和花房的根部有2根导管，所以靠近这部分的茎呈四角形，距离顶叶30厘米的嫩茎，其整体呈圆形。而在它下面较为成熟的茎是有棱角的，呈四角形。

4. 番茄什么时候生长？（P8—P9）

番茄植株生长、果实发育都是在夜间进行的，而不是白天。白天，叶子要进行光合作用，将水分和二氧化碳转化为糖分（碳水化合物）。到了夜间，白天转换的糖分（碳水化合物）和根部吸收的肥料会生成各种养分，这些养分被输送给叶、茎、果实和根的其他部分，供其生长所需。夜间温度高的时候，叶子和茎生产速度较快；夜间温度低的时候，果实和根的生长速度快。

番茄主要在夜间生长。这是因为，白天番茄植株中的水分蒸发较多，阳光中的紫外线会抑制生长激素的作用。白天晴与多云多雨的不同天气情况下，昼夜生长情况也不同。比如：白天是晴天，夜间叶子会变厚，长得快；白天是阴天，晚上叶子会变薄，新芽也变细，长得慢。但是，连续阴雨天后放晴的第一天，或连续晴天后阴雨天气的第一天，情况可能又会有所变化。仅凭一天的观察，很容易得出错误的结论，因此，要连续观察几天后再下结论。此外，幼苗和成苗时期，其生长情形也各有特点，值得多下功夫去观察。

5. 红色、黄色番茄大集合！（P10—P11）

我们去果蔬店会发现货架上摆放着各种颜色的番茄，桃红色、橙色和黄色等等。那么，番茄为什么会有这么多种颜色呢？

果皮的颜色和果肉的颜色组合后会形成不同的颜色。番茄的果皮，有的颜色很淡，有的厚实呈黄色(含胡萝卜素)；至于果肉，有的颜色很淡，有的是黄色，有的呈粉红色（含番茄红素）。因此，不同颜色的果皮和果肉组合后可以形成不同的颜色。

番茄果实的大小取决于子房室的数量。子房中含有番茄种子。所有番茄在最初阶段都和小番茄一样，拥有 2 个子房室；经过长期的品种改良，番茄的子房室数量增加到 6~10 个，可以长出大的番茄。在维生素 C 含量方面，小番茄要比普通番茄多，但野生番茄维生素 C 的含量又比小番茄多出几倍。今后，在品种改良方面会朝着更多维生素 C 含量的方向发展。

7. 来吧，一起种番茄！（P14—P15）

栽种番茄时，首先考虑的是选择地块。如果 3~4 年内种植过茄科作物，比如茄子、甜椒、辣椒、番茄、马铃薯等，那么，就尽量不要在这个地块种番茄。

如果一种农作物在同一地块反复种植，不管怎么用心，收成都会越来越差。人们将这种现象称为"连作障碍"。每种农作物都有自己喜欢的肥料和易患的病虫害，连续几年种过番茄的地块，土壤中番茄偏爱的肥料会越来越少，而不喜欢的肥料则会越来越多，导致收成越来越差。病虫害也是如此。连续种植后病菌会在土壤中不断积累，导致番茄越来越容易患病。不过，如果种过番茄，再种植一些肥料偏好与番茄相反或不容易患番茄类病虫害的作物，就可以恢复土壤的肥料平衡，并减少日后番茄病虫害的发生概率。

先调节土壤水分，之后种植番茄。

▼ 土壤最佳干湿程度：土壤捏一下会结块，手指推一下会松散。

▼ 如果土壤非常干燥，栽种的坑要挖大一些，栽种 1~2 小时前在坑内浇足水，等稍干一些后再移苗。如果是雨后栽种，先挖坑，等土壤不黏时再移苗。

▼ 如果土壤湿度非常大，那就等上 1~2 天再种。勉强种植，番茄的根容易发育不良。起垄后，用地膜或塑料棚覆盖土壤可有效保湿，这样移苗栽种时就不需要过多关注土壤干湿度的问题了。

8. 选苗也很重要（P16—P17）

选好苗就相当于成功了一半！好苗直接关乎后面的生长发育和收获。因此，栽种前要尽量选好苗。选苗时需要注意辨别，番茄苗是不是在种苗店或园艺店摆放了很多天、根细叶瘦虚弱无力的样子。最好拜托店员直接从育苗基地选购，成箱购买，运到菜地。买苗时，需要问清是什么品种，容易患什么病虫害。了解这些信息对之后的田间管理意义重大。

支架可以从种苗店或园艺店直接购买，那里有各式各样的架子。如果使用去年曾经用过的支架，就需要确认一下上个年度是否发生过病虫害。如有，就需要对这些木架进行消毒。

要尽早给番茄搭架子。如果搭得较晚，可能会损伤番茄的根部。将番茄苗绑在支架上时，注意在花房下方绑成8字形。由于茎会不断生长，变粗，所以务必注意绑得宽松些。此外，花房重量约800克，比较重，如果选的绳子太细，容易勒进茎里，要用宽一点的绳子。操作时，难免碰到植株，有时需要将其扶正。上午茎叶中的水分含量高，植株发脆容易折断，因此，上午尽量不要进行田间作业。

9．暑假前就能收获！（P18—P19）

第1穗的花不坐果，后面的生长节奏就会被打乱，因此，我们要想办法让第一穗开花坐果。具体办法如下：

使用震动授粉器进行人工授粉。如果没有震动授粉器，就用木棒敲打支架，让植株震动。不过，温度过低的话，花粉可能不会发芽，也可能不会从雄蕊中脱落，这时就需要喷洒激素，促成第一穗坐果。

如果每穗坐4个果，那么可以毫无压力地等待收获。如果侧芽长的太大，摘除时可能损伤茎皮，所以务必要注意及早将其摘除。浇水太多会降低番茄的口感，所以要掌握好浇水的时机和用量。

10．没有菜地也可以种番茄！（P20—P21）

想要自己育苗，可以去种子店买种子，也可以在吃番茄时留存种子。用清水把种子周围的果瓤洗去，晒干备用即可。

种在盆里时，要使用容积10升大小的盆，这样可以收获3穗果实。浇水时，要浇到水马上从盆底渗出来的程度。要一点一点浇灌，不要一次性浇大量的水。在番茄的生长旺季，每株番茄每天需吸收1升左右的水分。

11．不好了！番茄生病了！（P22—P23）

有的时候植株枝繁叶茂，外表似乎很健康，但果实就是长得慢，或者长不大。这种长叶不长果的现象，我们平时称其为长"偏"了。这时就需要抑制叶子和茎的生长，让它多开花。

如果第1穗花不坐果，后面就会出现这种只长叶不长果的现象，因此，无论如何都要让第1穗花坐果。

如果番茄生长过快，可以用手轻轻碰触植株顶端。当枝叶相互碰触，或者碰到了其他东西，番茄就会产生一种抑制生长的激素，此时，番茄的生长速度就会慢下来。如果这样做番茄还是生长太快，那就剪掉较大叶子的顶端。打算用手摘取侧芽的话，要尽早进行。这样做可以减少生长激素的分泌。

如果番茄生长迟缓，反而要稍稍延缓侧芽的摘取。要是不断碰触叶子顶端和生长点，番茄就会分泌抑制生长的激素，让植株变得无精打采。除非有特殊情况，否则不要轻易碰触叶子和生长点。

枝繁叶茂、坐果正常的植株上新长出的茎、叶有时会突然变坏。另外，节间会长到一起，叶子枯萎，叶脉裂开，叶面变小，最后变得又细又薄。如果出现这些症状，需要立即喷洒农药或开花激素。

12．品尝刚采摘的番茄！（P24—P25）

番茄有很多种吃法。可以做沙拉或腌菜，也可用烤箱烤制、用平底锅翻炒，还可以搭配鸡蛋卷、焗菜、比萨、西班牙海鲜饭、炒饭等。在牛肉粒盖浇饭、咖喱饭、炖菜等炖煮料理中放些番茄会更美味，另外可以用番茄做汤或甜品。番茄适合炖肉，与其他蔬菜水果一起广泛应用于很多国家的各种料理当中。

13．一起来做方便储存的番茄泥吧（P26—P27）

很久以前，每到番茄收获的季节，人们就会对这些熟透的番茄稍作加工，以便一年四季随时取用。能够完整保存水分的加工方法有以下4种：

（1）番茄汁。将熟透的番茄压碎，直接取汁。

（2）番茄泥。将番茄汁过滤后炖煮，浓度提升到原来的 3~4 倍。

（3）番茄酱。将番茄汁过滤后炖煮，浓度提升到原来的 3~4 倍，再加上各种调味料、香辛料。

（4）番茄糊。将番茄酱进一步炖煮，浓度提升至原来的 5~6 倍。

以上各种方法做成的成品，都要在加热杀菌之后密封冷却，然后冷藏保存。

脱水加工方法主要是晒干或用烤箱烤干后，脱水保存。

14. 有趣的番茄实验（P28—P29）

天气好的时候，番茄的雌蕊会在开花时用自己的花粉受粉。因此，不久后，果实里就会包含很多种子，个头越长越大。

实验时，为了特意不让雌蕊受粉，从开花前的花苞期开始就把雄蕊摘除。这样开花后也不会受粉，缺少激素了，番茄就没法坐果。

不过，开花时虽然没有花粉，但如果用了类似于授粉激素的合成开花激素，即便没有种子，果实仍会长得很大。

要使 1 株砧木上长出多个颜色的果实，就要先培育好砧木，嫁接时，砧木长度须达到 40 厘米左右。然后播种、培育要嫁接的种苗（穗木）。底叶长出后，将其拔掉，削尖胚轴。摘除砧木侧芽，用牙签戳一个小洞，将穗木插入其中。

如果任由砧木的果实生长，穗木的果实就会发育不良。大多数情况下，人们会尽量控制砧木的果实，保证穗木果实的生长。

15. 带来大航海时代梦想和浪漫气息的番茄（P30—P31）

番茄的故乡在接近赤道的热带、亚热带，海拔 2000~3000 米的高寒地区。虽然靠近热带，但是气温很低，好比日本的阿尔卑斯山脉（日本本州中部三座山脉的总称）。

气候方面，干燥少雨，昼夜温差小。因临近赤道，光照十分充足。

1533 年以后，西班牙人将番茄引进到欧洲。1550 年前后，意大利人将番茄当作观赏植物进行栽培。其后番茄相继普及到法国、比利时、瑞士、荷兰、德国、英国、葡萄牙等国。第一次拿番茄做菜的是荷兰药学家多多恩斯。1593 年，他用盐和胡椒调味，做了一道油炒番茄。

南北美洲在地理上虽然没有完全断开，但至今没有发现北美地区印第安人栽种番茄的记录。南美印第安人向墨西哥、中美洲迁徙后，将番茄也带到了那里。19 世纪后，随着美洲大开发，番茄得到大量种植。直到现在，美洲番茄产量仍居世界首位。

现在人们种植的普通番茄（栽培品种），其祖先是野生品种，名为番茄和细叶番茄，果实成熟后呈红色或黄色。1000 年来，经过人们不断的改良，演变成现在的栽培品种。

番茄的故乡在安第斯山区高寒地区，很多野生品种至今仍在不断繁衍。它们的果实呈绿色，又硬又小，不适合食用，但它们对病虫害有很强的抵御能力。因此，人们在品种改良过程中经常使用这些野生品种进行杂交改良，以抵御病虫害的侵犯。

后记

希望大家都能感动于生命的活力，培养出对生命成长和发育的浓厚兴趣，热爱植物。有了这种意识，未来美好的地球环境才能持续。为此，我们栽培植物，并且观察、收获、烹饪、食用它们，我们享受这一过程，这是最重要的。

食材方面，熟透的果实最好。在清凉干燥的安第斯山脉，番茄被人们视作太阳的馈赠；而在湿度较高的日本，没有实实在在的技术是不能把番茄种好的。当然，这种技术对其他蔬菜类的种植也具有借鉴意义。

栽培的根本，就是要自始至终对植物进行观察。植物每时每刻都在变化，我们需要把握它们的变化，做出适当的管理。仔细观察番茄的生长情况，了解番茄的需求，灵活栽培管理。

观察指的是以自然的形式感受自然事物。有时我们会做实验，但实验仅仅是为了辅助理解和再现某种现象。现有理论虽然可以帮助人们理解和解释一些内容，但却会钝化人们发自内心的感性，降低感动的新鲜度。每个人都能感性地体会自然界的一草一木，这一点很重要。

希望大家通过这本书能感受到生命的跃动，并由此萌发出了解植物、热爱植物之心。

森俊人

图书在版编目（CIP）数据

画说番茄/（日）森俊人编文；（日）平野惠理子绘画；同文世纪组译；赵艳华译.——北京：中国农业出版社，2022.1
（我的小小农场）
ISBN 978-7-109-27818-9

I.①画… II.①森…②平…③同…④赵… III.①番茄－少儿读物 IV.①S641.2-49

中国版本图书馆CIP数据核字（2021）第022735号

■写真をご提供いただいた方々
P10 品種の写真　トキタ種苗株式会社（赤の丸玉トマト）
P10 野生種の写真　池部誠（文藝春秋）
P10~P11 品種の写真　タキイ種苗株式会社（黄色の丸玉トマト－黄寿、加工用品種）
P11 イタリアのトマト栽培　（株）ピーピーエス通信社
P11 プラム型のトマト　伊藤喜三男（北海道農業試験場）
P22 病気の写真　米山伸吾（元茨城県園芸試験場）
P23 生理障害の写真　甲田暢男（千葉県農業試験場）
撮影　小倉隆人（写真家）

■参考文献
まるごと楽しむトマト百科　森俊人著　農文協刊　定価1330円（本体1267円）

森俊人（Mori Toshihito）

1956年毕业于兵库农业大学，后就职于兵库县农业试验场，从事园艺方面的试验工作。主要研究方向：番茄营养生理探究与生理障碍对策，蔬菜营养液栽培、室内环境控制等。1974年获得园艺学会奖。1989年4月至1994年3月，就任兵库县中央农业技术中心农业试验场场长。农学博士学位。
主要著作：《番茄形状与种植》（农文协）、《乐趣满满的番茄百科》（农文协）、《设施园艺》（养贤堂·合著）、《设施园艺基础知识》（诚文堂新光社·合著）、《蔬菜全书番茄》（农文协·分编）等。

平野惠理子（Hirano Eriko）

1961年出生于静冈县，毕业于武藏野美术大学。活跃在文章插图、杂志影评等多个领域。著作：《夏威夷岛亚诺亚通信》（东京书籍）、《日本人的生活与小物件》（青铜新社）、《怎样与海豚交朋友》（合著／讲谈社）、《像散步一样走山路》（大山溪谷社）、《儿童与手册》（合著／晶文出版社）等。

我的小小农场 ● 16

画说番茄

编　　文：【日】森俊人
绘　　画：【日】平野惠理子
编辑制作：【日】栗山淳编辑室

Sodatete Asobo Dai 1-shu 1 Tomato no Ehon
Copyright© 1997 by T.Mori,E.Hirano,J.Kuriyama
Chinese translation rights in simplified characters arranged with Nosan Gyoson Bunka Kyokai, Tokyo
through Japan UNI Agency, Inc., Tokyo

本书中文版由森俊人、平野惠理子、栗山淳和日本社团法人农山渔村文化协会授权中国农业出版社独家出版发行。本书内容的任何部分，事先未经出版者书面许可，不得以任何方式或手段复制或刊载。
合同登记号：图字 01-2021-2752 号

责任编辑：刘彦博
责任校对：吴丽婷
翻　　译：同文世纪组译　赵艳华译
设计制作：张　磊
出　　版：中国农业出版社
　　　　　（北京市朝阳区麦子店街18号楼　邮政编码：100125　美少分社电话：010-59194987）
发　　行：中国农业出版社
印　　刷：北京华联印刷有限公司
开　　本：889mm×1194mm　1/16
印　　张：2.75
字　　数：100千字
版　　次：2022年1月第1版　2022年1月北京第1次印刷
定　　价：39.80元